奢華百寶盒

FROMAGE
CHOCOLAT
FRUITS
LEGUMES
VIANDES
FRUITS DE MER

繽紛多彩法式凍派

若山曜子

瑞昇文化

小時候，從德國海歸的同學開的慶生會緊緊地抓住了我的心，
怎麼會有那種淋滿光澤耀眼的果膠，有如磅蛋糕的物體呢。
切開一看，露出了五顏六色的蔬菜，看起來好可愛，吃起來的味道則像火腿一樣軟綿滑嫩。
我問同學：「這是什麼？」同學的母親告訴我：「這是 terrine 喔。」

「terrine！聽起來好像外國小女孩的名字呀！」
以上便是我與法式凍派的初相遇。

去法國留學的時候，我與法式凍派的距離一下子拉近了。
街上的熟食店裡陳列著鄉村肉凍、法國派等
肉餅類的法式凍派，可以輕鬆購買。
另一方面，如果是比較大的蛋糕店或高級熟食店，則有豪華的宴會用法式凍派。
價格都不便宜，但是可以想買多少就請店家切多少。

巧克力法式凍派和冷藏的水果法式凍派則是餐廳的招牌甜點。
入口即化的口感讓人忍不住一口接一口，不小心就吃撐了。
可是作法非常簡單，所以我進廚房都會一馬當先做這個。
切一塊放在大盤子上，四四方方的法式凍派剛切開的剖面美極了，
即使由笨手笨腳的我來盛盤，看起來也有模有樣，像極了餐廳的甜點，
讓我感覺十分自豪。

法式凍派的原文 terrine 本來是指陶土容器，如今被廣泛地解釋，
泛指用法式凍派的模型製作的一切食品。
我對這類食品的印象是口感十分滑順。

這本書改成用磅蛋糕模型製作，但口感仍與法式凍派給人的印象極為相近。
可以事先做好放著，所以很適合用來宴客。
連同模型一起帶去參加家庭聚會，總是能引來「好厲害！」的讚嘆，是我的獨門私房菜。

作法其實並不難。
甜點法式凍派幾乎只要攪拌均勻即可。
不甜的法式凍派比較費工，但感覺就跟玩勞作沒兩樣。
邊組合材料邊想像做好的樣子也很有趣，
最棒的莫過於從模型裡倒出來切開時那種興奮期待的感覺。

我每次製作的時候都會想起小時候參加的慶生會，內心充滿喜悅。

若山曜子

CONTENTS

TERRINE DE
FROMAGE
起司法式凍派

TERRINE DE
CHOCOLAT
巧克力法式凍派

TERRINE DE
FRUITS
水果法式凍派

【本書的使用方法】

・作法的難易度以一到三個🔳分成初級、中級、高級，步驟愈複雜，難度愈高。製作的時候可以參考。

・每種成品的冷藏（要用保鮮膜密封）保存期限僅供參考。

・1杯為200mℓ，1大匙為15mℓ、1小匙為5mℓ。

・使用的蛋皆為中型大小（M號）。

・除非對奶油另有講究，否則都用不含食鹽的奶油。

・使用的鮮奶油是乳脂肪含量35％以上的鮮奶油。

・烤箱請先預熱到設定溫度。預熱時間依機種而異，所以請先測試需要的時間再開始預熱。烘烤時間也會依機種多少有些差異，所以請參考食譜上的時間，視狀況加以調整。

・微波爐的加熱時間以600瓦為基準，如果是500瓦的微波爐要自動加2成。

TERRINE DE

*L*EGUMES
蔬菜法式凍派

p.44 馬鈴薯蕈菇法式凍派
　　　馬鈴薯培根法式凍派

p.48 尼斯沙拉法式凍派

p.50 花椰菜胡蘿蔔法式凍派

p.52 三種蔬菜與藍紋起司的
　　　法式凍派

p.54 栗子地瓜法式凍派

TERRINE DE

*V*IANDES
肉類法式凍派

p.58 鄉村肉凍

p.62 火腿蘋果法式凍派

p.64 中式雞肉法式凍派

TERRINE DE

*F*RUITS DE MER
海鮮法式凍派

p.66 鮭魚蘆筍法式凍派

p.66 帆立貝蘑菇法式凍派

p.70 葡萄柚蝦法式凍派

COLUMN　剖面秀

p.32
杏仁風味的馬賽克
法式凍派

p.56
紅椒大理石法式凍派

製作法式凍派的

Point.1

用一個磅蛋糕模型
就能搞定

法式凍派是一種法式料理，原文的意思是指鐵鍋或陶器等有蓋子的容器，後來把材料裝入這種容器，再放進烤箱烘烤，或是用吉利丁加以冷卻凝固的料理也稱為法式凍派。本書將為各位介紹如何使用更容易取得、標準尺寸的磅蛋糕模型製作法式凍派的作法。從以起司或巧克力製作的「甜點法式凍派」到加了肉或蔬菜的「前菜法式凍派」，全都用一個磅蛋糕模型就能搞定。

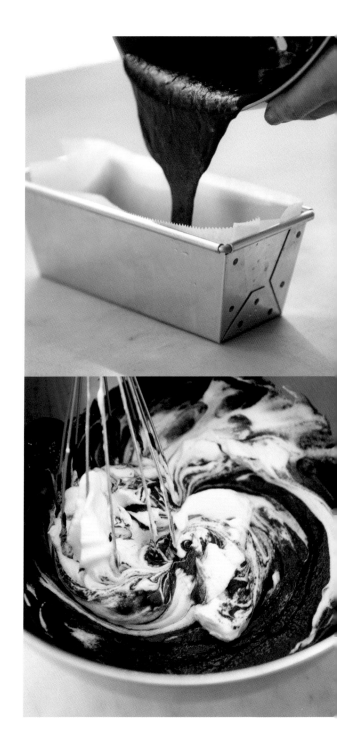

Point.2

作法非常簡單

法式凍派一向給人很難做的印象，但其實在家裡就能簡單製作。例如傳統的作法使用了豬網紗，本書則是以容易取得的材料輕鬆重現道地的風味。尤其是巧克力或起司類的甜口味法式凍派，只要依序將材料混合攪拌均勻即可，作法非常簡單。即使是難度比較高的肉或海鮮法式凍派，只要按部就班地事先處理好材料，技術上就不需要太困難的步驟。

四個重點

剖面呈現出美麗的設計感

在麵糊與麵糊之間夾入餡料，或是用吉利丁將五顏六色的蔬菜或水果固定成具有透明感的法式凍派。一刀切開時，剖面的視覺效果會讓人忍不住大聲歡呼。只要多下一點工夫，在製作的時候一面想像切開時的剖面，一面把餡料疊上去，就能做出美得令人眼睛為之一亮的成品。單以視覺效果而言，也是很上相的一道菜。

很適合帶去參加家庭聚會

外觀十分美麗的法式凍派最適合用來招待客人了。能為餐桌增加光彩，所以帶去參加家庭聚會時，也是非常受歡迎的一道菜。可以用來當成下酒的前菜，或者是最後收尾的甜點出現在餐桌上，大家一定會很高興。絕大部分的法式凍派都需要放進冰箱裡冷藏一段時間，所以只要前一天做好，當天切開就行了。如果有機會參加什麼活動，請務必親手做做看。

本書的法式凍派用磅蛋糕模型就能做出來

法式凍派原本要用附有蓋子，稱為terrine的專用容器來製作，

但本書使用以下兩種磅蛋糕模型來製作。

圖中標示了容量，所以也可以改用府上現有的模型或者是調整成自己喜歡的大小。

＊模型的尺寸為內側的體積。

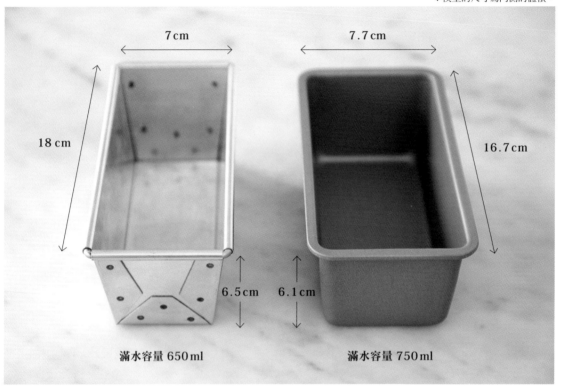

7cm

18cm

6.5cm

滿水容量 650ml

7.7cm

16.7cm

6.1cm

滿水容量 750ml

18cm的磅蛋糕模型

在具有厚度的馬口鐵材質上進行防鏽加工，是製作得很紮實的磅蛋糕模型。可以均勻地受熱，而且側面及底部都能烤出漂亮的焦色，所以適合用來製作需要烤的法式凍派。由於經過矽膠加工，很容易脫模，可以製作出高度夠高、四個邊稜角分明的法式凍派，這點非常迷人。

製造商：松永製作所／零售商：cotta
https://www.cotta.jp/
客服中心　0570-007-523（語音專線：收費）
（上班時間 9:00～12:00 / 13:00～17:00
※週日、假日除外）

長形磅蛋糕模型

用比較細長的模型烘烤出形狀洗練的成品。由於在鐵上施了鐵弗龍樹脂塗膜加工，不容易燒焦沾黏，也很容易清潔保養。因為是一體成形，液體不會流出來，尤其適合製作果凍型的法式凍派。

＊食譜中的模型大小為約17×8×高6cm的磅蛋糕模型。

貝印株式會社
https://www.kai-group.com
諮詢專線　0120-016-410
（上班時間 9:00～12:00 / 13:00～17:00
※週六、週日、假日除外）

製作法式凍派需要的工具

製作法式凍派時只要有使用於製作糕餅的基本工具就行了，
不需要特別的道具。

1.調理方盤

用烤箱隔水加熱法式凍派時，置於烤盤上，注入熱水來使用。請配合手邊的模型及烤箱的大小，選擇比較深的耐熱材質。

2.攪拌盆

使用於攪拌法式凍派的麵糊、製作吉利丁液。建議選用直徑24cm左右，稍微大一點的不鏽鋼碗，或者是用耐熱玻璃製作的攪拌盆。

3.保鮮膜、烘焙紙、錫箔紙

把法式凍派放進冰箱裡保存時，要用保鮮膜包起來，以免乾掉。烘焙紙用來鋪在模型底部，是前置作業不可或缺的工具。錫箔紙則用來把法式凍派包起來，以免直接接觸到模型的底部或重石。

4.麵包刀

不妨用菜刀或蛋糕刀切開用烤箱烤好的法式凍派，但如果是容易碎裂或用吉利丁凝固的法式凍派，使用麵包刀等鋸齒狀的刀子可以切得比較漂亮。

5.抹刀

用於從模型裡取出法式凍派或用來抹平倒進模型裡的麵糊。

6.橡皮刮刀

使用於迅速地拌勻麵糊或加入吉利丁攪拌均勻、倒入模型時。建議選用一體成形、沒有接縫的耐熱矽膠製的橡皮刮刀。

7.打蛋器

使用於為甜點法式凍派的材料混合攪拌均勻及打發鮮奶油時。長度約30cm的打蛋器比較容易使力。請選用握柄堅固、順手好握的產品。

8.手持式攪拌棒

製作法式凍派的麵糊時，用來把材料打碎、搗成柔滑細緻的泥狀。本書使用的是手持式攪拌棒，也可以用食物調理機來代替。

如何製作出好看又好吃的
法式凍派 ABC

基本上,法式凍派只要攪拌均勻再烤熟,或者是攪拌均勻再凝固定型即可,
作法非常簡單。以下為各位介紹為了製作出好看又好吃的法式凍派,
需要事先知道的各種訣竅及前置作業。

1. 準備模型

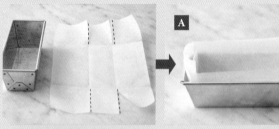

在模型裡鋪上烘焙紙,摺出痕跡,再
如照片所示,順著摺痕用剪刀在上下
兩邊各剪出4條線,鋪在模型裡。

如果是用吉利丁加以凝固的法式凍派,
請以覆蓋住模型長邊的側面及底部的方
式鋪上烘焙紙。脫模時只要稍微加熱一
下模型的底部,就能把烘焙紙整個拎起
來。

如果是會漏水的磅蛋糕模
型,要用錫箔紙包住底部進
行補強,如果是冷卻果凍型
的法式凍派則要用保鮮膜緊
緊地包住模型的外側。

2. 擦乾食材

製作法式凍派的時候,食材絕對不能
有水分,這是導致不成形、無法凝固
等失敗的原因。水煮的食材要先用廚
房專用紙巾包起來,確實吸乾水分。

3. 敲掉空氣

萬一空氣跑進法式凍派的麵糊裡,形
狀就很容易崩塌。所以用麵糊填滿模
型時,要用橡皮刮刀壓緊,以免空氣
跑進去,最後再把模型在桌上敲2~3
下,把空氣敲掉。再放進烤箱烤成肉
或魚的法式凍派。

4. 隔水加熱

把模型放進鋪了烘焙紙的調理方盤
裡,注入熱水至距離底部約3cm的高
度。再放到烤盤上,放進烤箱,以指
定的時間烘烤。因為加水會變重,所
以也可以先把烤盤架在烤箱裡,再注
入熱水。

5. 檢查烘烤的火候

如果是用烤箱烤的肉或海鮮類的法式凍派，要測量溫度，檢查烘烤的火候。要是沒有電子式的溫度計，可以把烤針刺進中央，靜置5秒左右，再拔出來，把烤針貼在嘴唇上，只要能感受到熱度（約65度）就行了。

6. 壓實

加入蛋白霜或是用手持式攪拌棒打成泥狀麵糊的法式凍派，很容易因為含有空氣，烤出來變得太膨。只要立刻蓋上烘焙紙或錫箔紙，用手壓實，就能讓表面平整。

7. 放涼

用烤箱烘烤的甜點法式凍派，烤好後要連同模型放在蛋糕架上，靜置冷卻。只要放涼到用手摸的時候還溫溫的狀態就行了。

8. 壓上重物

烤好的肉或海鮮類的法式凍派，上面要放上與裡頭的麵糊相同重量的重物。利用加壓的方式讓麵糊變成恰到好處的緊實，藉此提升口感。可以把水裝進保特瓶裡或用罐頭來代替重物。

9. 脫模

從模型裡取出法式凍派的時候，請把抹刀插進烘焙紙與模型間。尤其是用吉利丁加以固定的法式凍派，請先用熱水為模型底部加熱，再插入抹刀。

10. 抹平表面

剛完成的法式凍派上如果還有烘焙紙的痕跡，可以先用熱水溫熱抹刀，貼在法式凍派表面，把表面抹平。

11. 工整地切開

〔甜點法式凍派、前菜法式凍派〕

1　用熱一點的熱水溫熱蛋糕刀或菜刀，每次下刀的時候都要把沾在刀刃上的麵糊擦乾淨。

2　每次下刀之前都要重新熱刀，以此類推。

〔用吉利丁加以固定的法式凍派〕

表面包上一層錫箔紙，再用鋸齒狀的麵包刀切開，形狀就比較不容易散掉。重點在於切的時候要前後拉扯。

TERRINE DE
*F*ROMAGE

起司法式凍派

巴斯克風起司法式凍派
Terrine façon Gâteau au fromage basque

巴斯克風起司法式凍派表面焦黑，

香氣撲鼻的風味與入口即化的口感形成非常受歡迎的對比。

看起來好像很難，其實只要把材料依序倒進攪拌盆裡攪拌均勻即可。

用馬口鐵模型來做的話，就能做出外面夠高、裡頭又綿密柔軟的成品。

巴斯克風起司法式凍派

Terrine façon Gâteau au fromage basque

■■■ 保存：可冷藏 4 天

材料（18 × 7 × 高6.5cm 的磅蛋糕模型1 個份）

奶油起司　200g

砂糖　70g

蛋　2個（100g）

鮮奶油　200ml

優格（無糖）　60g

（或者是希臘式優格30g）

檸檬汁　1小匙

玉米澱粉或者是低筋麵粉　10g

前置作業

‧把奶油起司放進微波爐加熱40秒左右。

‧把優格倒進鋪有廚房專用紙巾的篩子裡，靜置
　30分鐘～1時，讓水分瀝乾到只剩下一半的
　份量。

‧把烘焙紙剪成30cm見方，揉成一團，稍微用
　水打濕，再擰乾水分，順著四個角鋪進模型裡
　（a）。烘焙紙的長度要超過模型的高度。

‧烤箱預熱到230度。

作法

1. 把奶油起司和砂糖倒進攪拌盆裡，用打蛋器攪
　拌到柔滑細緻（b）。

2. 分2～3次把打散的蛋液倒進1裡，每次都要
　攪拌均勻（c），別讓空氣跑進去。然後再加入
　鮮奶油、瀝乾水分的優格（d）、檸檬汁，攪
　拌均勻。

3. 以過篩的方式加入玉米澱粉，再徹底地攪拌均
　勻（e）。

4. 將3的麵糊倒入模型（f），放入230度的烤
　箱，烤大約30分鐘，烤到表面從深咖啡色變
　成微黑。放涼後再包上保鮮膜，放進冰箱裡冷
　藏3小時～一整晚。

a

d

b

e

c

f

Memo

風味十分濃郁，
但加入瀝乾水分的優格可以讓餘韻變得清淡爽口。
要吃的時候再加上鹽之花等粗鹽也很美味。

檸檬凝乳起司法式凍派

Terrine de fromage à la crème de citron

檸檬凝乳是英國傳統的抹醬，同時也是這款法式凍派的點睛之處。
還加入了磨碎的檸檬皮，一點也不浪費，可以盡情享受清爽的風味。
口感十分滑順，令人耳目一新的美味在口中擴散開來。

■■■ 保存：可冷藏 4 天

材料 （約17 × 8 × 高6cm 的磅蛋糕模型1 個份）

奶油起司　200 g

砂糖　60 g

馬斯卡彭起司　100 g

酸奶油　90 g

蛋　2 個

玉米澱粉　15 g

磨碎的檸檬皮　1/3 個份

　　⇒請使用無農藥的日本檸檬。

〔檸檬凝乳〕完成品約150㎖

　　⇒只使用了一半的完成品，但是全部加進去也很好吃，
　　　檸檬的風味會更加強烈。

蛋　1 個

砂糖　50 g

檸檬汁　50㎖（約1又1/2 個份）

磨碎的檸檬皮　1 個份

奶油　40 g

前置作業

· 把奶油起司放進微波爐加熱40秒左右。

· 用微波爐融解檸檬凝乳的奶油。

· 把烘焙紙鋪在模型裡。（參照p.10-A ）

· 烤箱預熱到170度。

作法

1. 製作檸檬凝乳。把蛋打散在鍋子或攪拌盆裡，一次加入所有砂糖，用打蛋器充分攪拌均勻。再加入檸檬汁、磨碎的檸檬皮、融解的奶油，稍微攪拌一下。

2. 隔水加熱1，轉小火，邊用橡皮刮刀攪拌邊煮5分鐘左右，煮到出現黏性就行了（a）。用網目比較粗的篩子過濾到調理方盤裡，靜置放涼。再放進冰箱裡冷藏備用。

3. 把奶油起司和砂糖倒進攪拌盆，用打蛋器攪拌到柔滑細緻，再加入馬斯卡彭起司、酸奶油，繼續攪拌均勻。

4. 分2～3次加入打散的蛋液，每次都要攪拌均勻。以過篩的方式加入玉米澱粉，再加入磨碎的檸檬皮（b），徹底攪拌均勻。

5. 將4的麵糊倒入模型，用湯匙舀起檸檬凝乳，放在表面上（c）。

6. 放入170度的烤箱烤20分鐘，再轉到160度，以隔水加熱的方式繼續烤20分鐘（參照p.10）。放涼後再放進冰箱裡，冷藏3小時～一整晚。

卡門貝爾起司
法式凍派

Terrine au camembert

卡門貝爾起司分別用來製作麵糊及表面的裝飾，
做出風味十分濃郁的法式凍派。
撒在上頭的核桃營造出畫龍點睛的口感。
不會很甜，所以也可以淋上蜂蜜來吃。

覆盆子萊姆起司
法式凍派

Terrine de fromage aux framboises

在起司的麵糊裡夾入酸酸甜甜的覆盆子，
再以萊姆提味的法式凍派。風味清爽無負擔。

卡門貝爾起司法式凍派

■■■■ 保存：可冷藏 4 天

材料（約17 × 8 × 高6cm 的磅蛋糕模型1 個份）

奶油起司　200g

卡門貝爾起司　150g

A｜酸奶油　90g
　｜砂糖　65g

蛋　2個

鮮奶油　50mℓ

玉米澱粉　15g

核桃　20g

前置作業

① 把烘焙紙鋪在模型裡。（參照p.10-A）

② 烤箱預熱到170度。

③ 把卡門貝爾起司切成一口大小。

作法

1. 把奶油起司和一半的卡門貝爾起司倒進攪拌盆裡，放進微波爐加熱40秒左右。再用打蛋器攪拌到柔滑細緻，加入**A**攪拌均勻。

2. 分2～3次加入打散的蛋液（**a**），每次都要攪拌到柔滑細緻，再加入鮮奶油，攪拌均勻（**b**）。以過篩的方式加入玉米澱粉，再徹底地攪拌均勻。

3. 將2的麵糊倒進模型裡，把剩下的卡門貝爾起司撕碎放上去。放入170度的烤箱烤5分鐘，放上核桃（**c**）烤15分鐘，然後再轉到160度，以隔水加熱的方式繼續烤20分鐘（參照p.10）。放涼後放進冰箱，冷藏3小時～一整晚。

a　　　b　　　c　　　d

覆盆子萊姆起司法式凍派

■■■■ 保存：可冷藏 3 天

材料（約17 × 8 × 高6cm 的磅蛋糕模型1 個份）

奶油起司　200g

酸奶油　90g

砂糖　50g

｜鮮奶油　50mℓ
｜白巧克力　40g

蛋　2個

玉米澱粉　10g

磨碎的萊姆或檸檬皮　1/2 個份

萊姆汁或檸檬汁　1/2 大匙

冷凍覆盆子　80g

前置作業

・上述的①～②都一樣。

・把奶油起司放進微波爐加熱40 秒左右。

・切碎白巧克力。

作法

1. 把奶油起司和酸奶油倒進攪拌盆裡，用打蛋器攪拌到柔滑細緻，加入砂糖攪拌均勻。

2. 把鮮奶油加熱到即將沸騰，加入白巧克力攪散。再加入**1**，攪拌均勻。

3. 分幾次把打散的蛋液加到**2**裡，攪拌到柔滑細緻的程度。以過篩的方式加入玉米澱粉，再加入磨碎的萊姆皮和果汁，徹底地攪拌均勻。

4. 將一半的**3**倒進模型裡，放上一半的覆盆子，再倒入剩下的麵糊，把剩下的覆盆子放在表面上，壓進麵糊裡（**d**）。

5. 放入170度的烤箱，以隔水加熱的方式烤大約40分鐘（參照p.10）。放涼後再放進冰箱，冷藏3小時～一整晚。

藍莓輕乳酪法式凍派
芒果輕乳酪法式凍派

Terrine au fromage frais aux myrtilles
Terrine au fromage frais aux mangues

酸酸甜甜的藍莓與香氣馥郁的芒果皆與奶油起司十分對味，用來製作兩款輕乳酪法式凍派。
底部只要鋪上敲碎的餅乾即可，作法很簡單。
只要有藍莓果醬和冷凍芒果就能隨時輕鬆地動手做，這點也很迷人。

藍莓輕乳酪法式凍派

■■■ 保存：可冷藏 4 天

材料 （約17 × 8 × 高6cm 的磅蛋糕模型1 個份）

奶油起司　200g

砂糖　70g

優格（無糖）200g

鮮奶油　150mℓ

檸檬汁　1大匙

　│ 吉利丁粉　7g

　│ 水　2大匙

藍莓果醬　50g

蘇打餅乾　30g

前置作業

①把奶油起司放進微波爐加熱40秒左右。

②把吉利丁粉撒進份量另計的水裡泡脹。

③把烘焙紙鋪在模型裡。（參照p.10-A）

④在藍莓果醬裡加入½小匙的檸檬汁（份量另計）
　攪拌均勻。

作法

1. 把奶油起司倒進攪拌盆裡，用打蛋器攪拌到柔滑細緻，加入砂糖，充分攪拌均勻。再加入優格，繼續攪拌均勻。

2. 把50mℓ鮮奶油放進微波爐裡加熱30秒左右，再加入泡脹的吉利丁，使其充分融解。

3. 把2加到1裡，用打蛋器徹底地攪拌均勻。再加入剩下的鮮奶油、檸檬汁，繼續攪拌均勻。

4. 把一半的3倒進模型裡，用湯匙挖起果醬，均勻地放在表面上，用筷子稍微抹開（a）。再倒入剩下的麵糊，放進冰箱冷藏15分鐘左右。

5. 把蘇打餅乾裝進厚一點的夾鏈袋裡，用撖麵棍敲碎，撒在4的表面上，輕輕地壓進去（b），放進冰箱冷藏3小時以上，使其凝固。

芒果輕乳酪法式凍派

■■■ 保存：可冷藏 3 天

材料 （約17 × 8 × 高6cm 的磅蛋糕模型1 個份）

奶油起司　200g

砂糖　70g

優格（無糖）200g

A │ 芒果乾　70g

　│ 冷凍芒果　70g

鮮奶油或牛奶　50mℓ

檸檬汁　1大匙

　│ 吉利丁粉　7g

　│ 水　2大匙

冷凍芒果　50g

蘇打餅乾　30g

前置作業

．上述的①～②都一樣。

．把A的芒果乾切成2cm小丁，加到100g的優格裡，浸漬一整晚以上。

作法

1. 製作芒果優格。將前置作業做好的A芒果乾和冷凍芒果一起用手持式攪拌棒打成泥狀。

2. 比照上述的作法1製作，把優格換成芒果優格，混合攪拌均勻。

3. 比照上述的作法2製作。

4. 把3加到2裡（c），用打蛋器徹底地攪拌均勻。再加入剩下的優格、檸檬汁，繼續攪拌均勻。

5. 把一半的4倒進模型裡，撒上切成2cm小丁的冷凍芒果（d），再倒入剩下的麵糊，放進冰箱裡，冷藏15分鐘左右。

6. 比照上述的作法5製作。

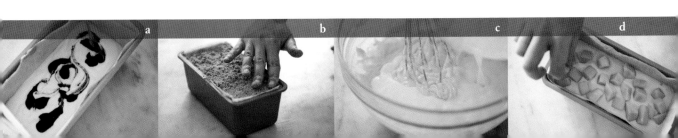

a　　　b　　　c　　　d

TERRINE DE CHOCOLAT

巧克力法式凍派

巧克力法式凍派(左)
香蕉巧克力法式凍派(右)

Terrine au chocolat
Terrine Choco-bananes

巧克力法式凍派的奶油風味十分濃郁,是出現在餐桌上會引起歡聲雷動的甜點。
加入焦糖化的香蕉加以變化,可以營造出甘甜的風味與更黏膩香濃的口感。
兩者都要充分地隔水加熱,再徹底放涼,切成薄片來享用。

巧克力法式凍派

Terrine au chocolat

■■■ 保存：可冷藏 4 天

材料（約17 × 8 × 高6cm 的磅蛋糕模型1 個份）

烘焙用巧克力

　（苦甜口味，可可含量60％以上） 150g

　⇒使用的是法芙娜公司的可可含量70％瓜納拉調溫巧克力。

奶油　120g

蛋　3個

砂糖　100g

蘭姆酒　1大匙

可可粉　適量

前置作業

・把巧克力剁碎。

・奶油切成一口大小。

・將烘焙紙鋪在模型裡。（參照 p.10-A）

・烤箱預熱到180度。

作法

1. 把巧克力和奶油放進攪拌盆，隔水加熱。用橡皮刮刀攪拌均勻，等到巧克力和奶油融為一體後，再把攪拌盆從熱水裡拿出來。

2. 把蛋打散在另一個攪拌盆裡，加入砂糖（**a**），用打蛋器充分攪拌均勻。隔水加熱，加熱到蛋液的溫度與體溫差不多時（**b**）再把攪拌盆從熱水裡拿出來。

3. 分5～6次把**2**一點一點地加到**1**裡，每次都要用打蛋器攪拌均勻（**c**）。最後再加入蘭姆酒，混合拌勻。攪拌到整個呈現出光澤，具有黏性即大功告成。

4. 把**3**倒進模型裡（**d**），抹平表面。放入180度的烤箱，以隔水加熱的方式烤大約30分鐘（參照p.10）。伸手去摸表面，只要不會黏在手上就是烤好了。放進冰箱裡，冷藏8小時以上，最後再撒上可可粉。

Memo

靜置放涼時稍微壓上一點重量，可以使表面平整。

a   b   c

香蕉巧克力法式凍派

Terrine Choco-bananes

■ ▨ ▨ 保存：可冷藏 3 天

材料（約 17 × 8 × 高 6 cm 的磅蛋糕模型 1 個份）

烘焙用巧克力

（苦甜口味，可可含量 60％以上）150 g

⇒使用的是法芙娜公司的可可含量 70％瓜納拉調溫巧克力。

奶油　120 g

蛋　3 個

砂糖　100 g

蘭姆酒　1 大匙

香蕉（小）　2 根（180 g）

奶油　5 g

砂糖　1 大匙

蘭姆酒　1 大匙

可可粉　適量

前置作業

· 把巧克力剁碎。

· 奶油切成一口大小。

· 將烘焙紙鋪在模型裡。（參照 p.10-A）

· 烤箱預熱到 180 度。

作法

1. 製作焦糖化的香蕉。把奶油、砂糖放入平底鍋，開中火，加熱到呈現深咖啡色。

2. 加入去皮的香蕉，讓香蕉沾滿平底鍋裡的焦糖，再淋上蘭姆酒（e）。

3. 2 放涼後，將香蕉切成 3 等分。其中 30 g 與留在平底鍋裡的焦糖一起用菜刀拍碎，或是用手持式攪拌棒打成泥狀備用。

4. 比照巧克力法式凍派的作法 1 隔水加熱，把攪拌盆從熱水裡拿出來，再加入 3 的焦糖化香蕉泥。

5. 比照巧克力法式凍派的作法 2、3 製作。

6. 把一半的 5 倒進模型裡，均勻地加入焦糖化的香蕉（f），再倒入剩下的麵糊，抹平表面。

7. 比照巧克力法式凍派的作法 4 烤好後放涼，最後再撒上可可粉。

d　　　　　　　　　　e　　　　　　　　　　f

覆盆子白巧克力法式凍派

Terrine au chocolat blanc et aux framboises

白巧克力與酸酸甜甜的覆盆子是絕對不會出錯的組合。

淡淡的粉紅色非常漂亮，口感也相當綿密。

準備好材料，再來只要攪拌均勻即可，是初學者也能輕易嘗試的法式凍派。

材料 （18 × 7 × 高6.5cm 的磅蛋糕模型1個份）

白巧克力　180g

覆盆子果泥（冷凍）　80g

蛋黃　3個份

奶油　50g

蛋白　3個份

砂糖　1大匙

低筋麵粉　10g

檸檬汁　1小匙

前置作業

· 用微波爐融解奶油。

· 將烘焙紙鋪在模型裡。（參照p.10-A）

· 如果是裝水會漏的磅蛋糕模型，請事先用錫箔紙把模型的底部包起來。

· 烤箱預熱到160度。

作法

1. 把白巧克力和覆盆子果泥放進攪拌盆裡，隔水加熱。用橡皮刮刀慢慢地攪拌到白巧克力融解（**a**）。再加入蛋黃，攪拌均勻（**b**）。

2. 分3次左右將融化的奶油加到1裡，每次都要用橡皮刮刀仔細地攪拌均勻（**c**）。只要呈現稍微白白稠稠的狀態就表示可以了。

3. 把蛋白和砂糖倒進另一個攪拌盆，用打蛋器以切斷筋的方式攪拌均勻。分次加到2裡，徹底攪拌均勻後，加入低筋麵粉，攪拌均勻。最後再加入檸檬汁，繼續拌勻。

4. 把3倒進模型裡，抹平表面。放入160度的烤箱烤20分鐘，再蓋上錫箔紙，繼續隔水加熱烤50分鐘（參照p.10）。

5. 連同模型放在蛋糕架上，鋪上烘焙紙，按壓至平整光滑（參照p.11）。放涼後用保鮮膜包起來，放進冰箱冷藏一整晚。

抹茶法式凍派

Terrine au thé Matcha

抹茶美麗的綠色令人眼睛為之一亮，是很受歡迎的日式凍派，
也是很適合送禮或帶去參加家庭聚會的甜點。口感滑順又濃郁，風味極為奢華，不妨切成薄片來吃。

■■■ 保存：可冷藏4天

材料（約17 × 8 × 高6cm 的磅蛋糕模型1個份）

白巧克力　200g
鮮奶油　100mℓ
奶油　40g
抹茶　12g
蛋　2個
蛋黃　1個份
砂糖　50g
裝飾用抹茶　適量

前置作業

・奶油切成一口大小。
・把蛋打散，混入砂糖拌勻。
・將烘焙紙鋪在模型裡。（參照p.10-A）
・烤箱預熱到150度。

作法

1. 把白巧克力剝開放進攪拌盆裡，加入溫熱的鮮奶油，用橡皮刮刀攪拌到融化（a）。再加入奶油，同樣使其融解。

2. 以過篩的方式加入抹茶，用打蛋器仔細地攪拌均勻。再以隔水加熱的方式把攪拌盆裡的材料攪拌到乳化。

3. 分5～6次把打散的蛋液加到2裡，每次都要徹底攪拌均勻，別讓空氣跑進去。

4. 用濾杓過篩（c），倒進模型裡。

5. 放入150度的烤箱，以隔水加熱的方式烤50分鐘～1小時（參照p.10）。經過30分鐘的時候，請在表面蓋上錫箔紙，以免烤得太焦。

6. 放涼後在表面服服貼貼地罩上一層保鮮膜。等到完全冷卻後再連同模型放進冰箱，冷藏3小時～一整晚。最後再撒上抹茶。

a　　　b　　　c

雙層巧克力法式凍派

Terrine double chocolat

夾入酒釀櫻桃，以黑森林蛋糕為範本製作的法式凍派。
用一種麵糊分別做成鬆軟滑順的慕斯與口感紮實的巧克力蛋糕。
改用橘皮果醬或糖煮金桔、覆盆子來代替酒釀櫻桃也很好吃。

■■ ■ 保存：可冷藏 2 天

材料（約17 × 8 × 高6cm 的磅蛋糕模型1 個份）

烘焙用巧克力
（苦甜口味，可可含量60％以上） 150 g
⇒使用的是法芙娜公司的可可含量70％瓜納拉調溫巧克力。

奶油　80 g

| 蛋白　2個份
| 砂糖　60 g

蛋黃　3個份

酒釀櫻桃　12顆
⇒也可以用浸泡在利口酒裡一整晚的黑櫻桃來代替。

發泡鮮奶油、酒釀櫻桃、刨成絲的巧克力
各適量

前置作業

· 把巧克力剁碎。
· 奶油切成一口大小。
· 將烘焙紙鋪在模型裡。（參照 p.10-A）
· 烤箱預熱到180度。

作法

1. 把巧克力和奶油放進攪拌盆，以隔水加熱的方式使其融解（a），再靜置放涼。

2. 把蛋白放進另一個攪拌盆裡，用手持式攪拌棒打到開始發泡。打到白白膨膨後，再分3次加入砂糖，製作成能拉出直立的角的蛋白霜。

3. 把蛋黃加到1裡，加入一半2的蛋白霜，用打蛋器徹底攪拌均勻（b）。然後再加入剩下的蛋白霜，用橡皮刮刀稍微攪拌一下（c）。

4. 將3的麵糊分成兩半，一半放入冰箱冷藏。

5. 把剩下的麵糊倒進模型裡，放上酒釀櫻桃。放入180度的烤箱烤20分鐘左右，拿出來放涼備用。

6. 等到5完全冷卻後，再加入作法4冷藏備用的麵糊（d），抹平表面。再放回冰箱，冷藏2小時以上，使之冷卻凝固。

7. 要吃的時候再把酒釀櫻桃放在發泡鮮奶油上，撒上刨成細絲的巧克力當裝飾。也可以不做裝飾，只在表面撒些可可粉。

a　　　　b　　　　c　　　　d

COLUMN

Terrine Mosaïque en gelée aux amandes

杏仁風味的馬賽克法式凍派

在雪白的杏仁凍裡加入3種切碎的果凍加以冷卻固定。
有如大理石一般的馬賽克圖案呈現出摩登的風情。
製作3種果凍固然費工又耗時，但是不需要技術，非常簡單。

■■■□ 　保存：冷藏で2～3日

材料 （約17 × 8 × 高6cm 的磅蛋糕模型1個份）

〔杏仁凍〕
牛奶　200㎖
杏仁霜　1大匙
砂糖　3大匙
水　100㎖
　吉利丁粉　10g
　水　3大匙

〔紅茶凍〕
茶包（伯爵茶）2包
砂糖　1大匙
　吉利丁粉　5g
　水　1又½大匙

〔黑糖凍〕
黑糖　50g
　吉利丁粉　5g
　水　1又½大匙

〔烏龍茶凍〕
烏龍茶　150㎖
　吉利丁粉　5g
　水　1又½大匙

前置作業
· 4種果凍的吉利丁粉請先倒入各指定份量的水裡
　泡脹。
· 將烘焙紙鋪在模型裡。（參照 p.10-A）

作法

1. 製作紅茶凍。將茶包和砂糖放進150㎖（份量另計）的熱水裡，釋出紅茶後再取出茶包，加入泡脹的吉利丁，使之融解後，倒入保存容器裡，放進冰箱冷卻固定。烏龍茶凍也以相同的方式製作。

2. 製作黑糖凍。將黑糖和150㎖（份量另計）的水倒進鍋子裡，開中火，煮到黑糖融化。關火，加入泡脹的吉利丁，使之融解後，倒入保存容器裡，放進冰箱冷卻固定。

3. 等到1和2凝固後，各自用菜刀切碎（a）。

4. 製作杏仁凍。將杏仁霜和砂糖倒進小鍋裡，加入指定份量的水，開火，邊用打蛋器打散。煮到沸騰，變得濃稠後，再加入牛奶，煮到整個溫度重新回升，再加入泡脹的吉利丁，使之融解後，移到攪拌盆中，把攪拌盆的底部浸泡在冰水裡，冷卻到產生黏性。

5. 把3切碎的果凍加到4裡（b）攪拌均勻，再倒入模型中，放進冰箱裡冷藏4小時以上，使之凝固。

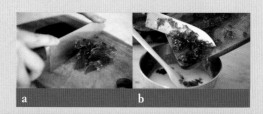

a　b

TERRINE DE FRUITS

水果法式凍派

嫣紅法式凍派、翠綠法式凍派
Terrine aux fruits rouges, Terrine aux fruits verts

滿滿的水果用洋菜或吉利丁加以固定，製作成風味清爽、有如珠寶盒的甜點法式凍派。
為了要做成令人眼睛一亮的外觀，重點在於要仔細地擦乾水果的水分，
再塞滿在模型裡。這種法式凍派很容易散開，所以切的時候一定要多加小心。

翠綠法式凍派（洋梨、奇異果、麝香葡萄）

Terrine aux fruits verts

■ ■ ■ 　保存：可冷藏 4 天

材料 （約17 × 8 × 高6cm 的磅蛋糕模型1 個份）

洋梨　1個

A | 水　300㎖
　 | 白酒　100㎖
　 | 砂糖　50g
　 | 萊姆汁或檸檬汁　½個份

麝香葡萄（無籽）6顆

奇異果　½個

萊姆（切成圓片）2～3片

薄荷　適量

B | 洋菜　10g
　 | 砂糖　20g

Memo

洋菜是以海藻或豆科種子為原料的凝固劑，
能比吉利丁更快凝固，透明度也更高，
在常溫下不容易融化，形狀比較不容易坍塌。
奇異果含有蛋白質分解酵素，
因此請不要用吉利丁，改用洋菜來凝固。

作法

1. 洋梨削皮，切成8等分，剔除果核。麝香葡萄如果太大顆的話請切成兩半。奇異果削皮，切成圓片（a）。

2. 把A倒進鍋子裡，稍微煮滾後，再加入洋梨，蓋上烘焙紙。轉小火煮5分鐘左右，煮到洋梨有點半透明，就可以關火冷卻（b）。放涼後再把洋梨和糖水分開。

3. 把B倒進另一個鍋子裡，充分攪拌均勻，分次加入2的糖水，用打蛋器攪拌均勻。開火，煮到咕嘟咕嘟地冒泡後，再徹底加熱1分鐘（c）。

4. 在模型裡倒入3的洋菜液至1cm高，均勻地放入洋梨、奇異果、麝香葡萄、薄荷、萊姆。每次都要倒入洋菜液，再加入水果（d）。放進冰箱裡，冷藏3小時以上。

a　　　　b　　　　c　　　　d

嫣紅法式凍派（柳橙、葡萄柚、草莓）

Terrine aux fruits rouges

■■■ 保存：可冷藏4天

材料 （約17 × 8 × 高6cm 的磅蛋糕模型1 個份）

柳橙　1個

葡萄柚（紅、白）　各1/2個

草莓　5～6顆

覆盆子（有的話）　5～6顆

A｜ 水　300mℓ

　　白酒　100mℓ

　　砂糖　70g

B｜ 蜂蜜（看喜好）1小匙

　　檸檬汁　1小匙

　　吉利丁粉　10g

　　水　3大匙

前置作業

‧把吉利丁粉撒進份量另計的水裡泡脹。

‧葡萄柚、柳橙先切掉上下兩邊，再連同裡面那層白白的纖維把皮厚厚地削掉。將菜刀插進每一瓣的果肉之間，完整地取出一瓣一瓣的果肉。擦乾水分（e）。

作法

1. 草莓直切成2～3mm厚。

2. 把A倒進鍋子裡，煮滾後加入泡脹的吉利丁使之融解，再加入B，攪拌均勻。連同鍋子放進冰水裡冷卻，冷卻到有點黏黏的稠度，舀出2大匙份備用。

3. 倒點2的果凍原液到模型裡，放進冰箱裡冷藏，直到表面凝固。不要有絲毫空隙地鋪上切片的草莓。

4. 然後再依序塞滿葡萄柚、柳橙、覆盆子，不要留下空隙，同時輪流倒入所有的果凍原液。

5. 上面再鋪一層烘焙紙，壓上些許重量，放進冰箱裡冷藏。凝固後再把事先舀出來備用的果凍原液稍微加熱，淋在表面上。然後再放回冰箱裡冷藏3小時以上。

e

洋梨法式凍派

Terrine façon poire Belle-Hélene

為切片的洋梨裹上蛋液,做成隱形蛋糕風味的法式凍派。
疊上洋梨的重點在於要仔細地讓洋梨朝著同一面,
就能做出美不勝收的千層。再加上與洋梨十分對味的巧克力醬,還能增加奢華的風味。

Memo

〔巧克力醬〕（容易製作的份量）
把40g的片狀巧克力切碎放進攪拌盆裡，
加入用微波爐加熱30秒的2大匙牛奶，
攪拌到融解，再放回微波爐，加熱10秒左右，
攪拌均勻。再加入1大匙牛奶或蘭姆酒稀釋。

材料（18 × 7 × 高6.5cm 的磅蛋糕模型1個份）

洋梨　2個（約500g）
　　　⇒也可以改用罐頭，但是要確實地瀝乾湯汁。
蛋　2個
砂糖　50g
低筋麵粉　80g
香草莢（有的話）　1/3根
牛奶　70mℓ
奶油　50g
巧克力醬（有的話）適量

前置作業

・擠出香草莢的種子。
・用微波爐融解奶油。
・將烘焙紙鋪在模型裡。（參照 p.10-A）
・如果是裝水會漏的磅蛋糕模型，請事先用錫箔紙把模型的底部包起來。
・烤箱預熱到170度。

作法

1. 把蛋打散在攪拌盆裡，加入砂糖，用打蛋器攪拌均勻。再以過篩的方式加入低筋麵粉（a），加入香草的種子拌勻，然後一點一點地加入牛奶，每次都要攪拌均勻。最後再加入融解的奶油，繼續攪拌均勻。

2. 洋梨直切成4等分，剔除果核，削皮，如果有削皮器的話再各自垂直削成寬2mm的薄片，加到1的麵糊裡，用橡皮刮刀從底部以剷起來的方式攪拌（b），讓洋梨均勻地沾上麵糊。請輕柔的攪拌，以免洋梨破碎。

3. 等到洋梨都沾到麵糊，再以水平的方向一片片地重疊放進模型裡（c），最後再從上面倒入攪拌盆裡剩下的麵糊。

4. 放進170度的烤箱裡烤大約50分鐘。放涼後再放進冰箱，冷藏2小時以上。

5. 從模型裡取出來，有的話淋上一點巧克力醬。也可以先切片、盛盤，再淋上巧克力醬。

翻轉蘋果塔風法式凍派

Terrine de pommes Tatin

把酸酸甜甜的蘋果仔仔細細地煮到呈現焦糖色，鋪滿在法式凍派裡。
用冷凍派皮做成的底部也要放進烤箱裡一起烤。
蘋果煮過後會更加香甜可口，形成令人吮指回味的風味。

■■ ■　保存：可冷藏 4～5 天

材料（18 × 7 × 高6.5cm 的磅蛋糕模型1 個份）

蘋果（紅玉）　700g（4～5個）

砂糖　100g

奶油　2小匙

派皮（冷凍）　18×6cm1大張

前置作業

· 將烘焙紙鋪在模型裡。（參照 p.10-A）
· 如果是裝水會漏的磅蛋糕模型，請事先用錫箔紙把模型的底部包起來。
· 烤箱預熱到190度。

作法

1. 蘋果垂直切開，削皮、去芯，如果切成4等分還太大的話，不妨切成8等分。

2. 把砂糖和1大匙水（份量另計）倒進平底鍋，開大火，煮到砂糖的邊緣出現焦糖色後，再加入蘋果和奶油（a），轉小火，炒到蘋果的表面變軟且呈現半透明狀（b）。

3. 將2的蘋果鋪滿在模型裡，鋪的時候不要留下空隙，表面盡量平整。

4. 用叉子為派皮刺出氣孔，剪成剛好可以放在模型上面的大小。在調理方盤裡鋪上烘焙紙，放上派皮，再蓋一層烘焙紙，壓上體積相同的調理方盤以增加重量（c）。

5. 把3的模型和4的調理方盤放在烤盤上，放進190度的烤箱裡烤30分鐘左右。

6. 烤好後，把烘焙紙放在模型上，用橡皮刮刀徹底壓平。然後再放上5的派皮（d），再次放回190度的烤箱烤10分鐘左右。放涼後再放進冰箱冷藏1小時以上。要吃的時候再依個人喜好加上發泡鮮奶油。

a　　　　　　　b　　　　　　　c　　　　　　　d

草莓聖代風法式凍派

Terrine aux fraises façon Parfait

用草莓果泥做的粉紅色麵糊、剖面的草莓形狀都好可愛，
感覺就像是在吃冰淇淋的法式凍派。酸酸甜甜的味道在嘴巴裡散開，
聖代和新鮮的果肉可以充分地感受到草莓的美味。

■■ ■ 保存：可冷凍1週

材料 （約17 × 8 × 高6cm 的磅蛋糕模型1個份）

草莓　100g

草莓果泥（冷凍）150g

　⇒如果是新鮮的草莓，請準備相同的份量，加入2小匙砂
　糖，用果汁機打成泥狀。

鮮奶油　150㎖

砂糖　30g

蛋黃　1個份

蜂蜜　1大匙

檸檬汁　½大匙

長崎蛋糕（市售品）適量

前置作業

· 將烘焙紙鋪在模型裡。（參照 p.10-A）

作法

1. 製作聖代。把鮮奶油倒進攪拌盆，加入砂糖，用手持式攪拌棒或打蛋器打到八分發。

2. 把蛋黃和蜂蜜倒進另一個攪拌盆裡，隔水加熱，邊用打蛋器攪拌（a）。

3. 等到蛋黃溫熱後，把攪拌盆從熱水裡拿出來，打到蛋黃變成乳白色的美乃滋狀。

4. 把3和草莓果泥加到1裡（b），用打蛋器打到徹底攪拌均勻。再加入檸檬汁，繼續拌勻。

5. 在模型裡倒入4的麵糊到2cm的高度，與剩下的麵糊一起放進冰箱裡冷藏30分鐘左右（c）。拿出來，放入草莓，尖端朝向磅蛋糕模型的底部。倒入剩下的麵糊，蓋上切成3mm厚的長崎蛋糕（d）。放進冰箱冷藏2小時以上。

Memo

沒有長崎蛋糕也沒關係，有的話會比較好切，也比較容易盛盤，所以建議使用。

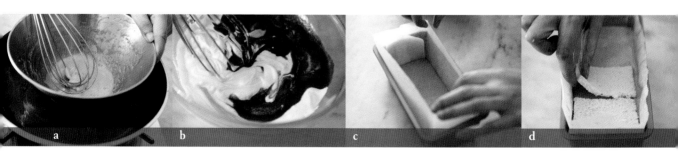

a　　　b　　　c　　　d

馬鈴薯蕈菇法式凍派（左）
馬鈴薯培根法式凍派（右）

Terrine de pommes de terre aux champignons
Terrine de pommes de terre au lard

只要將切片的馬鈴薯裹上蛋液，一層一層地塞滿模型即可。
加入香煎蕈菇或培根，增添風味與變化。
用鬆鬆軟軟的馬鈴薯做成鹹派風的法式凍派很適合當作前菜或輕食。

TERRINE DE
LEGUMES

蔬菜法式凍派

馬鈴薯蕈菇
法式凍派

Terrine de pommes de terre aux champignons

■■■ 保存：可冷藏4天

材料 （約17 × 8 × 高6cm 的磅蛋糕模型1 個份）

馬鈴薯　3個（約450g）

〔麵糊〕

蛋　1個

奶油　10g

鹽　1/3 小匙

牛奶　50mℓ

比薩用起司　30g

菇類（包含蘑菇、鴻喜菇、杏鮑菇等）　300g

大蒜（切成碎末）1/2 瓣份

奶油　1大匙

鹽　1/3 小匙

義大利歐芹（切成碎末）　1小匙

前置作業

· 用微波爐融解麵糊的奶油。

· 將烘焙紙鋪在模型裡。（參照 p.10-A）

· 烤箱預熱到170度。

作法

1. 菇類切成粗末。把奶油和大蒜放入平底鍋，開中火爆香，炒到大蒜發出香味，加入菇類拌炒，再加鹽炒到菇類變軟，加入義大利歐芹，拌勻備用。

2. 馬鈴薯帶皮用保鮮膜包起來，放進微波爐裡加熱4～5分鐘（a），大約加熱到中間稍微有點熱度即可。去皮，切成3mm寬的半月形。

3. 把蛋打散在攪拌盆裡，加入融化的奶油（b）和鹽，用打蛋器攪拌均勻。分次加入牛奶，每次都要攪拌均勻，再加入一半的比薩用起司，攪拌均勻。

4. 在3的攪拌盆裡加入放涼的2，混合攪拌均勻，直到馬鈴薯全都沾上麵糊（c）。

5. 將4的馬鈴薯取出1/3的份量，一層一層地疊進模型裡，每次都要讓馬鈴薯沾滿麵糊。平整地鋪上一半1的菇類（d）。依馬鈴薯、菇類、馬鈴薯的順序一層一層疊起來，再倒入攪拌盆裡剩下的麵糊，撒上剩餘的起司（e）。

6. 放入170度的烤箱烤50分鐘左右，拿出來放涼。

a

b

c

馬鈴薯培根法式凍派

Terrine de pommes de terre au lard

■■■ 保存：可冷藏4天

材料（約17 × 8 × 高6cm 的磅蛋糕模型1個份）

馬鈴薯　3個（約450g）

〔麵糊〕

蛋　1個

A｜奶油　10g

　｜鹽　1/3小匙

　｜胡椒、肉豆蔻（有的話）各少許

牛奶　50mℓ

比薩用起司　30g

培根　4～5片

前置作業

· 用微波爐融化奶油。

· 烤箱預熱到170度。

作法

1. 比照馬鈴薯蕈菇法式凍派的作法2，同樣用微波爐加熱馬鈴薯，切成半月形。

2. 把蛋打散在攪拌盆裡，加入A，用打蛋器攪拌均勻。再分次加入牛奶，每次都要攪拌均勻，加入一半的比薩用起司，攪拌均勻。

3. 在2的攪拌盆裡加入放涼的1，混合攪拌均勻，直到馬鈴薯全部都沾上麵糊。

4. 順著側面把培根放入模型（f），讓培根稍微有一點重疊到。

5. 再次將3的馬鈴薯沾上麵糊，放進4的模型裡，再倒入攪拌盆裡剩下的麵糊，撒上剩餘的比薩用起司。從兩側把培根摺進來包住麵糊。

6. 放入170度的烤箱烤50分鐘左右，拿出來放涼。

d　　　　　　　　　　　　　　　e　　　　　　　　　　　　　　　f

尼斯沙拉法式凍派

Terrine façon Salade niçoise

這是模仿南法普羅旺斯的家常菜 ——尼斯沙拉 ——製作的法式凍派。
想做得好看，千萬別忘了要仔細地拭去蔬菜及鮪魚等食材上的水分及油分。
用萵苣包起來，為外觀製造變化，放在餐桌上必定能成為眾人的注目焦點。

■■■ 保存：可冷藏 4～5 天

材料 （約17 × 8 × 高6cm 的磅蛋糕模型1 個份）

萵苣　1顆
小番茄（紅、黃、綠各種顏色）　200g
水煮蛋　4個
鮪魚（固形物）　1罐70g
白酒醋　2小匙
鯷魚（切成粗末）2片
法式清湯　200㎖
鹽　1/3小匙
┃ 吉利丁粉　7g
┃ 水　1又1/2大匙
羅勒　適量

前置作業

· 把吉利丁粉撒進份量另計的水裡泡脹。

作法

1. 萵苣稍微用鹽水汆燙一下，夾在廚房專用紙巾裡吸去水分（a）。水煮蛋切掉一點兩端的蛋白，露出一點蛋黃。切除小番茄的蒂頭，稍微用熱水沖一下，好把皮剝掉（b）。徹底瀝乾鮪魚的油，淋上白酒醋備用。

2. 把法式清湯和鹽倒進鍋子裡，煮滾後關火，加入泡脹的吉利丁攪散。再移入攪拌盆中，將碗底浸泡在冰水裡，冷卻到變成濃稠狀。

3. 將萵苣的正面朝下，稍微有一點重疊到地順著模型的側面鋪進去（c）。

4. 在底部鋪上鮪魚，交錯地擺上水煮蛋（d），把番茄和羅勒塞進空隙裡。每次放入食材的時候都要注入法式高湯吉利丁液，再撒些鯷魚。

5. 拿起模型輕輕地用底部敲打桌面，好讓吉利丁液流遍表面。再把萵苣折進來，稍微用手按壓，把表面壓平，放進冰箱裡，冷藏4小時以上。

a　　b　　c　　d

花椰菜胡蘿蔔法式凍派

Terrine de chou-fleur et carottes

橘白色相間的冷製法式凍派可以直接吃到蔬菜本來的鮮甜。
兩層滑順綿密的慕斯之間夾著星形的切口可愛極了的秋葵和玉米筍。
兩層之間的界線不直也沒關係，又美又華麗的剖面其實意外的簡單。

材料（約17 × 8 × 高6cm 的磅蛋糕模型1 個份）

〔花椰菜慕斯〕

花椰菜　250g

A｜奶油　5g
　｜水　50mℓ
　｜鹽　1/3 小匙
　｜肉豆蔻　少許

鮮奶油　100mℓ
　｜吉利丁粉　10g
　｜水　3 大匙

〔胡蘿蔔慕斯〕

胡蘿蔔　200g

B｜小番茄　5～6個
　｜奶油　5g
　｜砂糖　1 小撮
　｜鹽　1/3 小匙
　｜芫荽（粉）1/4 小匙

鮮奶油　100mℓ
　｜吉利丁粉　10g
　｜水　3 大匙

玉米筍　8根

秋葵　1袋（7～8根）

前置作業

・將烘焙紙鋪在模型裡。（參照 p.10-B）
・把吉利丁粉撒進份量另計的水裡泡脹。

作法

1. 用鹽水汆燙玉米筍和秋葵，煮到還留有清脆的口感，再沖冷水，拭去水分。秋葵切掉兩頭，玉米筍切掉太細的部分（a）。

2. 製作花椰菜慕斯。先把花椰菜撕成小撮，放進鍋子裡。加入 A，蓋上鍋蓋，開小火蒸煮到花椰菜變軟，再移到攪拌盆裡。

3. 鮮奶油放入微波爐加熱1分鐘左右，加入泡脹的吉利丁攪散，再加到2裡，用手持式攪拌棒攪拌至變成泥狀。

4. 製作胡蘿蔔慕斯。胡蘿蔔削皮，切成薄片，放進鍋子裡。加入 B，蓋上鍋蓋，開小火蒸煮到胡蘿蔔變軟（b），再移到攪拌盆裡。

5. 比照作法3以同樣的方式加熱鮮奶油，加入泡脹的吉利丁攪散。再加到4裡，以手持式攪拌棒攪拌至變成泥狀（c）。

6. 先將3的花椰菜慕斯倒進模型裡，放進冰箱，靜置15分鐘左右，待表面凝固後，再交錯地放上玉米筍和秋葵，稍微壓緊。從上方倒入5的胡蘿蔔慕斯（d），拿起模型輕輕地用底部敲打桌面，把表面抹平。

7. 放進冰箱裡，冷藏3小時以上，使其凝固。

a

b

c

d

三種蔬菜與藍紋起司的法式凍派

Terrine de trois légumes au bleu

層層疊疊的三種蔬菜與個性十足的藍紋起司十分對味。
讓吉利丁液流進模型中的每一個角落是做得好看的訣竅。
也很適合用來當成餐前酒或葡萄酒等酒類的下酒菜，是屬於大人的法式凍派。

■■ ▮ 保存：可冷藏 4～5 天

材料 （約17 × 8 × 高6cm 的磅蛋糕模型1 個份）

南瓜　200 g

芋頭　200 g

地瓜　200 g

⇒使用的是市售的烤地瓜或蒸地瓜。也可以自己做，用錫箔紙包起洗乾淨的地瓜，放進烤箱裡，無需預熱，用180度烤40～50分鐘。

鮮奶油　200㎖

藍紋起司　100 g

鹽　1 小撮

吉利丁粉　2小匙（6 g）

水　2大匙

前置作業

・將烘焙紙鋪在模型裡。（參照 p.10-B）
・把吉利丁粉撒進份量另計的水裡泡脹。

作法

1. 南瓜帶皮切成一口大小，用保鮮膜包起來，放進微波爐加熱約3分鐘。芋頭帶皮用保鮮膜包起來，加熱2分30秒左右。剝皮，如果太大條就切成兩半。地瓜也要去皮，切成與其他食材相同的大小（**a**）。

2. 把鮮奶油和一半的藍紋起司、鹽倒進攪拌盆裡，放進微波爐加熱2分鐘左右。再加入泡脹的吉利丁攪散（**b**）。

3. 趁熱把剩下的藍紋起司撕碎加入2裡拌勻。

4. 將少許3的麵糊倒入模型，等到稍微凝固後，再不規則地放上1的三種蔬菜，塞滿。同時將3的麵糊倒進空隙裡（**c**）。

5. 拿起模型輕輕地用底部敲打桌面，把表面抹平。再把烘焙紙摺進來蓋住表面。放進冰箱裡，冷卻3小時以上，使之凝固。

Memo
要吃的時候還可以再放上堅果或水果乾。

a　　　b　　　c

栗子地瓜法式凍派

Terrine de marrons et patates douces

使用了大量足以代表秋天的栗子，是很奢侈的一道甜點法式凍派。
加在麵糊裡，烤過後風味倍增的地瓜把味道都整合起來了。
濕潤紮實的地瓜與栗子的風味相得益彰。

■■■■ 保存：可冷藏4～5天

材料 （18 × 7 × 高6.5cm 的磅蛋糕模型1個份）

栗子醬（罐頭）250 g

地瓜　170 g

⇒使用的是市售的烤地瓜或蒸地瓜。也可以自己做，用錫箔紙包起洗乾淨的地瓜，放進烤箱裡，無需預熱，用180度烤40～50分鐘。

蛋　2個

奶油　60 g

蘭姆酒　1大匙

低筋麵粉　40 g

糖煮栗子（市售品）　小的4～5顆

⇒沒有的話也可以用糖炒栗子代替。

前置作業

‧用微波爐融解奶油。

‧將烘焙紙鋪在模型裡。（參照 p.10-A）

‧如果是裝水會漏的磅蛋糕模型，請事先用錫箔紙把模型的底部包起來。

‧烤箱預熱到160度。

作法

1. 把栗子醬和地瓜放進攪拌盆裡，用手持式攪拌棒攪拌到變成泥。一次打一個蛋進去，用打蛋器攪拌均勻，加入融解的奶油、蘭姆酒，用打蛋器攪拌均勻。

2. 以過篩的方式加入低筋麵粉（a），稍微攪拌一下。

3. 先將一半2的麵糊進倒模型裡，擺上糖煮栗子（b）。栗子周圍要留下5 mm左右的縫隙，不要塞得太滿，這樣切開的時候才會呈現漂亮的剖面。

4. 倒入剩下的麵糊。從距離桌面10 cm左右的高度將模型由上往下敲2～3次，敲出裡面的空氣。

5. 放進160度的烤箱裡，以隔水加熱的方式烤大約1小時（參照 p.10）。放涼的時候稍微壓上一點重量（參照 p.11）。然後再移開重物，放進冰箱冷藏2小時以上。

Memo

經過加工，用糖分與香草為栗子調味的栗子醬香滑細緻。上圖是法國SABATON公司的產品。

COLUMN

Terrine marbré aux poivrons

紅椒大理石法式凍派

把烤過的紅椒打成泥狀的麵糊充滿了甘甜的風味，
再注入鮮奶油，使其冷卻凝固。紅白交錯的法式凍派能讓餐桌增添不少光彩。
如果想製作出美麗的大理石花紋，關鍵在於不要過度攪拌。

■■ ■ 保存：可冷藏 1 週

材料（約17 × 8 × 高6cm 的磅蛋糕模型1 個份）

紅椒 3個（淨重250g）

番茄汁（無鹽）約100mℓ

鹽 ⅓小匙

A｜吉利丁粉 2又⅓小匙
　｜水 100mℓ

鮮奶油 60mℓ

酸奶油 60g

B｜吉利丁粉 ½小匙
　｜水 2大匙

前置作業

· 分別把吉利丁粉 A、B 撒進各自指定份量的水裡
　泡脹。

· 將烘焙紙鋪在模型裡。（參照 p.10-B）

作法

1. 將錫箔紙鋪在烤盤上，放上紅椒，在表面淋上
   1 大匙（份量另計）橄欖油，放入200度的烤
   箱，烤大約20分鐘。再放進紙袋裡，燜到冷
   卻。冷卻後去皮（a）去籽，用手持式攪拌棒
   攪拌一下。

2. 與1出水的果汁一起測量，讓整個體積維持在
   350mℓ。不夠的部分可以補點番茄汁，進行調
   整。

3. 把2倒進鍋子裡，開火，煮熱後加鹽，再加入
   泡脹的A吉利丁攪散（b）。移到攪拌盆中，
   將碗底浸泡在冰水裡，冷卻到變成濃稠狀。

4. 把鮮奶油倒進鍋子裡，加熱1分鐘左右，再加
   入泡脹的B吉利丁攪散。加入酸奶油，徹底地
   攪拌均勻，分散地滴落在3裡（c），製作出大
   理石般的花紋。

5. 直接慢慢地將4倒進模型（d），放進冰箱冷藏
   3小時以上。

a　　　　b　　　　c　　　　d

TERRINE DE VIANDES

肉類法式凍派

鄉村肉凍

Terrine de campagne

說到最具有代表性的法式凍派，莫過於這款濃縮
所有肉的美味於一身的鄉村肉凍。
一方面具有餐桌上主角的存在感，但作法又相當簡單，
只要準備好材料就能做。單是切下一塊就份量十足。
請附上麵包及黃芥末醬、泡菜一起吃。

鄉村肉凍

Terrine de campagne

■ ■ ■ 保存：可冷藏 1 週

材料（18 × 7 × 高6.5cm 的磅蛋糕模型1 個份）

豬絞肉　300g

雞肝　100g

豬五花肉　80g

李子（無籽，切成3～4等份）30g

⇒也可以用無花果乾代替。

鹽　1/2大匙（7g）

胡椒、肉豆蔻　各少許

A｜牛奶　50㎖

　｜麵包粉　20g

　｜蛋　1個

　｜白蘭地　1又1/2大匙

洋蔥（切成碎末）20g

蘑菇（切成碎末）30g

奶油　10g

前置作業

· 將烘焙紙鋪在模型裡。（參照 p.10-A）

· 如果是裝水會漏的磅蛋糕模型，請事先用錫箔紙 把模型的底部包起來。

· 烤箱預熱到170度。

作法

1. 把雞肝浸泡在水裡30分鐘左右，放掉血水，刮掉多餘的脂肪及筋，用手持式攪拌棒打成泥狀。豬五花肉切成粗末。

2. 用平底鍋加熱奶油，加入洋蔥和蘑菇、1小撮鹽（份量另計），開中火炒軟（a）。平鋪在調理方盤裡，放涼備用。

3. 把1和豬絞肉、鹽、胡椒、肉豆蔻放進攪拌盆裡，用手揉捏（b）。加入A和李子（c）揉捏到出現黏性為止，再加入2，繼續揉捏（d）。

4. 比照製作漢堡的要領把3的麵糊塞滿在準備好的模型裡，要分次用手壓實，以免空氣跑進去（e）。再放上烘焙紙，壓平表面（f）。

5. 放入170度的烤箱，以隔水加熱的方式烤大約60分鐘（參照 p.10）。過程中可以用烤針刺進麵糊中間來檢查熟了沒有（參照 p.11）。

6. 靜置放涼後，壓上重物（參照 p.11），等到連裡面都確實冷卻後，罩上保鮮膜，放進冰箱冷藏一整晚，第二天以後是最好吃的時候。

Memo

如果要在炎熱的季節揉捏肉，請將攪拌盆的底部浸泡在冰水裡，
以避免脂肪融解，口感會比較好。這款法式凍派也可以冷凍。
請先切好，用保鮮膜、錫箔紙包起來再冷凍。

火腿蘋果法式凍派

Terrine de jambons aux pommes

在入口即化的麵糊裡加入蘋果與切片的火腿，製造出畫龍點睛的口感。
為了帶出食材最原始的風味，請使用鮮美的一整塊火腿。
這是一款風味濃郁、吃起來會很過癮、適合當前菜的法式凍派。

■ ▩ ▩　保存：可冷藏1週

材料（約17 × 8 × 高6cm 的磅蛋糕模型1個份）

〔麵糊〕

火腿（脂肪比較少的那種）150 g

牛奶　50㎖

鮮奶油　200㎖

吉利丁粉　1大匙

水　50㎖

〔內餡〕

火腿（脂肪比較少的那種）　50 g

蘋果（可以的話請用紅玉）　1/2 個

A｜白酒　100㎖

水　200㎖

砂糖　1大匙

蜂蜜　1小匙

前置作業

· 把吉利丁粉撒進指定份量的水裡泡脹。

· 將烘焙紙鋪在模型裡。（參照 p.10-B）

作法

1. 內餡的火腿切成1cm見方的條狀。蘋果帶皮，先取出果核，切成8等分。把**A**放進小鍋裡煮滾，再加入蘋果，蓋上內蓋，煮10分鐘左右。直接放在鍋子裡冷卻（**a**），瀝乾水分。

2. 麵糊的火腿切成2cm見方的小丁，用牛奶煮1～2分鐘（**b**）。用手持式攪拌棒打碎。趁熱加入泡脹的吉利丁攪散。再加入少許的鹽（份量另計）調味。

3. 將**2**的攪拌盆底部浸泡在冰水裡，用橡皮刮刀拌勻。攪拌到帶點黏稠度後，再加入打到9分發的鮮奶油，稍微攪拌一下（**c**）。

4. 把**3**的麵糊倒進模型裡一半，交錯地放上**1**的火腿和蘋果（**d**）。再倒入剩下的麵糊，抹平表面。在桌上敲打模型的底部，把空氣敲出來（參照 p.10）。再把烘焙紙摺進去蓋住表面，包上保鮮膜，放進冰箱冷藏2小時以上，使其冷卻凝固。

a　b　c　d

中式雞肉法式凍派

Terrine chinois de poulet en gelée

大量以中菜的作法醃漬的雞肉再加上口感清脆爽口的山藥，做成冷的法式凍派。
拜雞肉的膠原蛋白所賜，不需要太多吉利丁粉就能凝固，也不容易散開，
這點很吸引人。用切成薄片的小黃瓜包起來，看起來也很賞心悅目，令人胃口大開。

材料（約17 × 8 × 高6cm 的磅蛋糕模型1 個份）

雞肉（既有雞腿肉也用了雞胸肉） 450 g

A | 紹興酒　50㎖
　 | 水　150㎖
　 | 鹽　1小匙

小黃瓜　2條

山藥　100 g

麻油　1小匙

醬油、醋（有的話建議用黑醋）各½ 小匙

| 吉利丁粉　5g
| 水　1又½ 大匙

生薑、青蔥的部分　各適量

香菜、大蔥切絲　各適量

前置作業

・把吉利丁粉撒進指定份量的水裡泡脹。

作法

1. 雞肉切成5～6 cm 的小丁，用叉子到處戳洞。與A 混合拌勻，放進調理方盤裡，緊緊地罩上保鮮膜，靜置1小時以上，使其醃漬入味。

2. 用刨刀把小黃瓜垂直地削成薄片，撒上少許鹽（份量另計）。待小黃瓜變軟後，用廚房專用紙巾拭去水分。如下圖所示，一片一片地把小黃瓜放進模型，讓兩邊的小黃瓜超出模型側面（a）。

3. 為山藥削皮，切成1.5 cm 見方、10 cm 長的條狀。加熱平底鍋裡的麻油，迅速地爆炒一下，再加入少許鹽（份量另計），放涼備用。

4. 連同湯汁把1倒進鍋子裡，加入200㎖水（份量另計）和生薑、青蔥的部分，開中火加熱。蓋上內蓋，煮滾後再轉小火加熱1分30秒左右，靜置放涼（b）。冷卻後再取出雞肉。

5. 過濾4的湯汁，取出180㎖倒進鍋子裡加熱，加入醬油、醋、泡脹的吉利丁攪散。再移入攪拌盆中，將底部浸泡在冰水裡，攪拌到帶點黏性。

6. 不規則地把3的山藥和4的雞肉放入2的模型裡，倒入5（c）。從兩邊把小黃瓜折進去重疊（d）。放上烘焙紙，壓上重物（參照p.11），放進冰箱裡冷藏3小時以上，使其冷卻凝固。

7. 從模型裡取出來，盛入盤中，再放上拌勻的蔥絲和香菜做裝飾。

Memo

再添上由比例相同的醬油、醋、辣油混合拌勻製成的醬料也很好吃。

a　b　c　d

TERRINE DE FRUITS DE MER

海鮮法式凍派

鮭魚蘆筍法式凍派　　帆立貝蘑菇法式凍派

Terrine d'asperges aux deux saumons　　*Terrine de Saint-Jacques aux champignons*

用打底的鮭魚做成粉紅色的麵糊，
裡頭再夾入蘆筍與切片的鮭魚，
為口感與風味製造變化，是很高級的法式凍派。
當然也不能少了與鮭魚十分對味的時蘿。

直接呈現出帆立貝的美味，以白肉魚突顯口感，
用整朵蘑菇與切碎的蘑菇將蘑菇的香氣與美味
發揮到淋漓盡致。這款法式凍派會讓嘴巴裡充滿
輕淡爽口的滋味。

鮭魚蘆筍法式凍派

Terrine d'asperges aux deux saumons

材料（18 × 7 × 高6.5cm 的磅蛋糕模型1個份）

新鮮鮭魚（剔除皮和骨）300g

A｜鹽　1小撮

　｜白酒　1小匙

煙燻鮭魚　50g

鹽　½小匙

蛋白　1個份

鮮奶油　200mℓ

綠蘆筍　1把（5～6根）

時蘿、粉紅胡椒　各適量

前置作業

· 將烘焙紙鋪在模型裡。（參照p.10-A）

· 如果是裝水會漏的磅蛋糕模型，請事先用錫箔紙把模型的底部包起來。

· 烤箱預熱到170度。

作法

1. 取出120g的鮭魚做餡料，切成1.5cm厚、6cm寬的厚片，抹上A。再把剩下的鮭魚切成一口大小，用來製作麵糊。

2. 切掉蘆筍的根部，用鹽水汆燙一下，但不要燙得太軟，用廚房專用紙巾吸乾水分。

3. 把要做成麵糊的鮭魚、煙燻鮭魚、鹽、蛋白、一半的鮮奶油放進攪拌盆裡，用手持式攪拌棒打成泥狀（a）。再加入剩下的鮮奶油，用橡皮刮刀攪拌均勻。

4. 將3的麵糊倒一半進模型裡（b），等間隔地排上2的蘆筍。再擦乾1的餡料用鮭魚身上的水分放進去（c）。撒點時蘿，倒入3剩下的麵糊。用橡皮刮刀抹平表面，撒上時蘿與粉紅胡椒。

5. 放入170度的烤箱，以隔水加熱的方式烤20分鐘，拿出來蓋上錫箔紙，繼續烤15分鐘（參照p.10）。請用烤針刺進麵糊中間來檢查熟了沒有（參照p.11）。

6. 靜置放涼後，壓上重物（參照p.11），等到連裡面都確實冷卻後，罩上保鮮膜，放進冰箱冷藏一整晚。

a　　　　b　　　　c

帆立貝蘑菇
法式凍派

Terrine de Saint-Jacques aux champignons

■■■ 保存：可冷藏3天

材料 （約17 × 8 × 高6cm 的磅蛋糕模型1個份）

帆立貝柱　200g
白肉魚（鯛魚或鱈魚，剔除皮和骨）　200g
蘑菇　200g
奶油（有鹽）2大匙
大蒜（切成碎末）½瓣份
低筋麵粉　10g
鮮奶油　150ml
A｜鹽　½小匙
　｜胡椒　少許
　｜白酒　1大匙
　｜蛋白　1個份

前置作業

· 用手摸一下帆立貝柱，用手撕掉太硬的部分。
· 將烘焙紙鋪在模型裡。（參照 p.10-A）
· 烤箱預熱到170度。

作法

1. 將一半的蘑菇切成粗末。
2. 用平底鍋加熱一半的奶油，爆香大蒜，加入整朵的蘑菇拌炒，取出來放涼。用同一只平底鍋加熱剩下的奶油，加入1拌炒，撒上低筋麵粉，繼續拌炒。再加入50ml的鮮奶油，稍微攪拌一下，炒成糊狀就可以關火了（d）。
3. 把帆立貝柱和白肉魚放進攪拌盆裡，加入A，用手持式攪拌棒打成柔滑細緻的泥狀（e）。再加入剩下的鮮奶油與作法2切碎再炒過的蘑菇，徹底地攪拌均勻。
4. 將3的麵糊倒一半進模型裡。瀝乾炒過的整朵蘑菇，抹上1小匙（份量另計）的低筋麵粉，不規則地排進麵糊裡。再倒入剩下的麵糊（f），抹平表面。
5. 放入170度的烤箱，以隔水加熱的方式烤35～40分鐘（參照p.10）。用烤針刺進麵糊中間來檢查熟了沒有（參照p.11）。
6. 靜置放涼後，壓上重物（參照p.11），等到連裡面都確實冷卻後，罩上保鮮膜，放進冰箱冷藏一整晚。

d　e　f

葡萄柚蝦法式凍派

Terrine d'avocats et crevettes en gelée de pamplemousse

蝦子再加上十分對味的酪梨和葡萄柚，再用吉利丁液加以固定。
色彩繽紛的剖面看起來賞心悅目，肯定會讓人一看就歡呼。
法式清湯調得比較鹹是做得更好吃的祕訣。

■■■ 保存：可冷藏 4～5 天

材料 （約17 × 8 × 高6cm 的磅蛋糕模型1 個份）

蝦子　160g（淨重）

酪梨　1個

葡萄柚　1個

法式清湯　300㎖

鹽　少許

　｜ 吉利丁粉　10g
　｜ 水　50㎖

細葉香芹、時蘿　各適量

前置作業

· 把吉利丁粉撒進指定份量的水裡泡脹。
· 葡萄柚先切掉上下兩邊，再連同裡面那層白白的纖維把皮厚厚地削掉一層。將菜刀插進每一瓣的果肉之間，完整地取出一瓣一瓣的果肉。
· 將烘焙紙鋪在模型裡。（參照 p.10-B）

作法

1. 蝦子去殼、挑掉泥腸，用鹽水汆燙，擦乾水分。酪梨垂直對半切開，去籽，削皮，切成10等分的菱形（a）。

2. 加熱鍋子裡的法式清湯，加入泡脹的吉利丁攪散。再加入少許鹽，調成稍微重一點的味道。把鍋子的底部浸泡在冰水裡，攪拌到有點稠度（b）。從裡頭取出2大匙備用。

3. 在模型裡倒入一點2的法式清湯凍，鋪平整個表面。等凝固後再依序加入蝦子、葡萄柚、酪梨，每次都要將法式清湯凍倒進空隙（c）。隨意地撒上香草。

4. 在表面蓋上烘焙紙，稍微壓上一點重物。放進冰箱，等凝固後再把於方法2取出備用的法式清湯液均勻地塗抹在表面（d）。再次放回冰箱裡冷藏3小時以上。

a　　b　　c　　d

PROFILE

若山曜子（Wakayama Yoko）

料理、甜點研究家。東京外國語大學法語系畢業後前往巴黎留學。曾於巴黎藍帶廚藝學校（Le Cordon Bleu）、斐杭狄高等廚藝學校（Ecole Frrrandi）進修，取得法國廚師證照（C.A.P.），在巴黎的甜點店及餐廳累積工作經驗。回國後除了雜誌及寫作以外，也為企業開發食譜，開設點心、料理教室等等，在很多領域都相當活躍。以追求美味及簡單的作法大受好評。頻繁造訪台灣及香港，對台灣及香港的料理、點心也有很深的造詣。出版了《若山曜子的幸福手感冰藏甜點：保鮮袋╳烤盤!新手也能成功的免烤冰蛋糕與冰淇淋甜點》（商周出版）、《優格不思議 清新爽口的四季點心：口感輕盈卻滋味濃郁。魔法般的優格，化身美味新提案》（瑞昇）、《東京名師司康vs比司吉：1個缽盆+5種材料，奶油/液體油都可以輕鬆做!Scones & Biscuits》（出版菊）等許多著作。

TITLE

繽紛多彩法式凍派

STAFF

出版	瑞昇文化事業股份有限公司
作者	若山曜子
譯者	賴惠鈴
總編輯	郭湘齡
責任編輯	張聿雯
文字編輯	蕭妤秦
美術編輯	許菩真
排版	執筆者設計工作室
製版	明宏彩色照相製版有限公司
印刷	桂林彩色印刷股份有限公司
法律顧問	立勤國際法律事務所　黃沛聲律師
戶名	瑞昇文化事業股份有限公司
劃撥帳號	19598343
地址	新北市中和區景平路464巷2弄1-4號
電話	(02)2945-3191
傳真	(02)2945-3190
網址	www.rising-books.com.tw
Mail	deepblue@rising-books.com.tw
初版日期	2022年1月
定價	320元

ORIGINAL JAPANESE EDITION STAFF

発行人	濱田勝宏
ブックデザイン	福間優子
撮影	木村 拓（東京料理写真）
スタイリング	佐々木カナコ
調理アシスタント	尾崎史江　櫻庭奈穂子
	寺脇茉林　細井美波
フランス語監修	Ayusa Gravier
校閲	山脇節子
編集	内山美恵子
	浅井香織（文化出版局）

國家圖書館出版品預行編目資料

繽紛多彩法式凍派/若山曜子作；賴惠鈴譯. -- 初版. -- 新北市：瑞昇文化事業股份有限公司, 2021.07
72面；19x25.7公分
ISBN 978-986-401-499-6(平裝)

1.點心食譜

427.16　　　　　　　　110008432